AF494353

13

DE L'IMPORTANCE

ET DE LA NÉCESSITÉ

DES SEMIS

POUR L'AMÉLIORATION ET LE RENOUVELLEMENT

DES

VARIÉTÉS CULTIVÉES.

PAR M.-A. PUVIS,

Ancien Député, Correspondant de l'Institut, Président de la Société royale d'Émulation de l'Ain, Membre honoraire des Sociétés agraires de Turin, Genève, Correspondant de celles de Paris, Lyon, etc.

BOURG-EN-BRESSE,

IMPRIMERIE DE MILLIET-BOTTIER.

1847.

DE L'IMPORTANCE ET DE LA NÉCESSITÉ

DES SEMIS

POUR L'AMÉLIORATION ET LE RENOUVELLEMENT

DES VARIÉTÉS CULTIVÉES.

La question des semis de la vigne est depuis plusieurs années vivement controversée dans les congrès scientifiques, ainsi que dans les congrès vinicoles ; cependant les nombreuses variétés de fruits de toute espèce que donnent chaque jour les semis, celles en roses, dahlias, œillets, et toutes variétés de fleurs qui doublent en nombre et en beauté, font bien admettre généralement que les semis sont une mine féconde et un grand moyen de perfectionnement et de multiplication des variétés. Les faits qui semblaient moins nombreux, moins actuels pour la vigne, laissaient plus de sujet à la discussion; toutefois, l'immense variété des cépages cultivés, tous nécessairement dus aux semis du hasard, puisqu'on ne connait pas jusqu'ici d'études suivies de ces semis, les nouveaux cépages qu'on voit encore surgir chaque jour, sans qu'on puisse leur attribuer d'autre origine qu'aux premiers, les variétés précoces obtenues par de nombreux œnologues en Allemagne, en Belgique, en Angleterre, en Crimée, en Amérique et en France, établissaient bien que les semis de vignes, tant pour la table que pour la vinification, pouvaient aussi donner d'utiles résultats; mais les uns les regardent comme assez faciles à obtenir et y attachent une grande importance, tandis que les autres les croient incertains et éloignés. Nous sommes de l'avis des premiers; c'est une opinion sur laquelle notre conviction s'est dès long-temps établie et que les faits ont fortifiée. Nous allons donner les motifs sur lesquels elle se fonde.

Mais ce sujet se rattache à des questions importantes de physiologie végétale ; il intéresse la culture des jardins et celle du sol dans toutes ses branches ; depuis plus de trente ans, il a été étudié par nous sous ses différentes faces. Nous avons, en 1817 et 1819, publié deux écrits sur ce sujet ; nous l'avons traité avec plus d'étendue en 1837 ; notre opinion, nouvelle alors, n'a fait que s'affermir par les faits nouveaux qui ont surgi et les discussions qui ont eu lieu : nous croyons utile d'y revenir aujourd'hui où la question s'agite plus spécialement pour la vigne ; cependant, en raison de son importance, nous ne craindrons pas de lui donner de l'étendue et de l'envisager sous un point de vue général.

§ I.

Avant d'entrer dans le fond de la question, il est essentiel d'établir que les variétés distinctes des espèces cultivées, et particulièrement celles des vignes, ne peuvent être dues à l'influence du climat ; plusieurs œnologues du siècle passé avaient admis l'opinion que le climat pouvait créer les variétés, maintenant cette opinion a peu conservé de partisans.

Ainsi le Pineau de Bourgogne, dans les pays nombreux où on l'a introduit, a conservé son port, son allure, son fruit petit et rare, sa précocité, son moût sucré, son besoin d'être fréquemment renouvelé, toutes les qualités et défauts, enfin, qu'il a dans son climat originaire.

Le Chasselas, répandu partout, se montre le même dans tous les climats ; la variété de Fontainebleau ne se confond pas avec ses diverses variétés ; depuis trente ans nous l'avons en treille à côté de celle du pays, et elle conserve son grain craquant, espacé, et sa fécondité moins grande ; et puis elle se tache et craint le climat, pendant que sa congénère se conserve entière.

Le Muscat blanc, le Muscat noir, conservent partout où on les transporte leurs qualités et leurs défauts ; il en est de même de toutes les variétés qu'on change de climat.

Le climat peut donc être contraire ou favorable à une variété, sans altérer ses qualités essentielles ; le Pineau de Bourgogne ne donne pas ailleurs du vin de Beaune ni de Nuits, mais partout du vin de qualité. Le plant du Beaujolais qui, sur la rive droite de la Saône, produit un vin fin et délicat, en rapporte, sur la rive gauche, un plus abondant, de qualité commune, dont la saveur rappelle cependant un peu le parfum du coteau opposé ; les qualités spéciales de ce plant ne sont en aucune façon changées, seulement sa vigueur est plus grande.

Le Beaujolais, quand il renouvelle ses vignes, va chercher ses sarmens dans le coteau opposé, et ils produisent dans son sol et son exposition un vin excellent, au lieu du vin ordinaire qu'ils donnent dans le vignoble d'où on les tire ; le climat est cependant à peu près le même, mais le sol et l'exposition affinent le produit sur la rive droite.

Le Carbenet de Bordeaux se conduit dans les vignobles de Tourraine comme dans sa patrie ; le Furmint de Tokay, sur les coteaux des environs de Nimes et dans le territoire de Lunel, entre les mains du docteur Baumes, donne un vin tout-à-fait comparable à celui de Hongrie.

Beaucoup d'œnologues du siècle dernier, ne voyant pas l'origine des plants nombreux cultivés dans les vignes, avaient pensé que la plupart devaient leur formation au climat ; Rosier ni Duchesne ne partageaient pas cette opinion qui, cependant, fut propagée par l'article du Dictionnaire de Rosier, confié à Dussieu ; mais alors l'étude des plants était peu avancée, personne ne s'en était sérieusement occupé ; maintenant, au contraire, depuis trente à quarante ans, de nombreux amateurs ont réuni en collections les plants des principaux vignobles. En les voyant chaque année conserver les mêmes qualités, les mêmes défauts, les mêmes différences, ils se sont convaincus que les variétés propagées par boutures ou greffes, ne se confondaient pas par leur changement de climat ; Roxas Clemente, en faisant remarquer que dans toute l'Espagne les mêmes plants conservaient indéfiniment leurs qualités principales, fut un des premiers qui rejeta l'opinion établie par Dussieu; depuis lors le comte Odart a achevé de prouver son peu de fondement, et tous les autres synonymistes en France ont acquis, au milieu de leurs collections, la même conviction : MM. de Merméty et Fleurot à Dijon, Reignier à Avignon, Lannes dans les environs de Moissac, Cazalis Allut dans ceux de Montpellier, Bouchereau à Bordeaux, sont unanimes en ce point.

Cette vérité, d'ailleurs, est plus évidente encore pour les autres végétaux; ainsi, nous voyons les fruits de toute espèce se conserver identiques sans se confondre : le St-Germain, le Beurré, etc., varient jusqu'à un certain point dans les différens climats en qualité et en produit, mais conservent toujours leur port, leur saveur propre; le Platane, le Saule, les diverses espèces de Peupliers qui se propagent de bouture, se conservent sans changer de forme, de port, ni de propriété.

Nous sommes donc fondé à conclure de tout ce qui précède, que les variétés de toute nature se conservent distinctes et ne se créent pas par la différence des climats.

§ II.

Mais ces variétés, toutes distinctes, ont eu un commencement; nous en voyons naître de nouvelles sous nos yeux, et par conséquent, de siècle en siècle, elles deviennent de plus en plus nombreuses; leur origine, lorsqu'elle est connue, se rapporte presque toujours à un individu spécial cru spontanément; elles sont donc dues à des graines semées par le hasard; quelques-unes sans doute ont pris leur origine dans les travaux spéciaux de semis d'amateurs dévoués, oubliés par nous, mais dont nous conservons les bienfaits.

L'opinion de la création par les semis et les croisemens des variétés végétales est d'ailleurs loin d'être nouvelle; on avait bien toujours généralement pensé que les semis, dans les espèces qui se propagent par marcottes, greffes, boutures, drageons, tubercules, oignons, etc., donnaient naissance à des variétés plus ou moins distinctes, la plupart inférieures aux variétés connues, mais dont quelques-unes pouvaient leur être comparées, et un petit nombre même leur étaient supérieures. On admettait, en outre, que, dans le moment de la fécondation, le pollen des fleurs répandu dans l'atmosphère, en arrivant sur les fleurs des variétés congénères, donne naissance à d'autres variétés distinctes, plus ou moins analogues aux variétés originaires, et enfin que le grand nombre des variétés cultivées dans la plupart des espèces, sont dus à des semis adventifs de hasard, ou à des études suivies de semis; les Hollandais font varier ainsi depuis des siècles les jacinthes, les tulipes, les liliacées de toute sorte, les plantes tuberculeuses, les fleurs de toutes les familles, enfin presque toutes les plantes d'agrément. Cette industrie entre leurs mains est devenue une source de commerce qui a apporté et apporte encore beaucoup de richesse dans ce pays.

Depuis quelques années, en France, nos horticulteurs ont imité ces travaux, et font naître par centaines des variétés de plantes d'agrément dans la plupart des familles; ces semis sont tous encouragés par des amateurs nombreux qui paient chèrement les nouveautés.

Toutefois, pendant que ces soins se donnaient aux fleurs, on négligeait les plantes économiques et les fruits de toute espèce; cependant, il y a un siècle à peu près, un chanoine de Mons, Hardempont, a fait des semis de poiriers qui lui ont produit des variétés du plus grand intérêt et dont plusieurs nous sont restées.

En Angleterre, pendant un demi-siècle, un homme d'une haute sagacité, a porté toutes ses études sur les semis et croisemens des variétés de plantes, économiques, fructifères et d'agrément. Knight, président de la Société d'horticulture de Londres, a dévoué son temps et sa fortune à faire naître dans toutes les familles, des variétés nouvelles, soit par semis de graines venues naturellement, soit au moyen de graines hybridées. Doué d'un esprit étendu et judicieux, il ne s'est pas borné aux espèces de son pays, il a, avec le secours de sa serre, fait varier les fruits et les fleurs des différens climats, et on a recueilli de lui des variétés intéressantes dans une multitude de familles des zônes tropicales; il s'est attaché aussi particulièrement aux pêchers, aux vignes, et a répandu ses meilleurs produits dans la culture générale; celles de ses variétés de fleurs ou de fruits qui se sont conservées, sont restées en Angleterre ou sont passées en France, sans conserver son nom qui est demeuré seulement attaché à plusieurs excellentes variétés de pois; nous aurons plus tard occasion de revenir sur ses travaux.

Avant Knight, Van-Mons, en Belgique, qui s'était déjà distingué comme physicien et comme chimiste, avait embrassé la carrière des semis de fruits de toute espèce. Observateur enthousiaste et cependant patient et appliqué, il a, pendant sa longue vie, multiplié les semis des diverses variétés de fruits. Il commença d'abord par faire connaître les variétés créées par Hardempont, qui sans lui seraient peut-être restées inconnues; parmi plusieurs centaines de variétés qu'il a créées et nommées, on en distingue un grand nombre, en poires surtout, comparables à ce que nous avons de mieux; à son imitation maintenant, dans plusieurs localités de la Belgique, des amateurs sèment et recueillent des variétés du plus haut intérêt. C'est donc à lui qu'est due la première et grande impulsion donnée à cette branche importante de recherches agricoles.

Van-Mons est mort depuis peu, mais son établissement n'a pas été perdu pour l'horticulture; ses arbres de semis ont été acquis par MM. Bivort et Fossoul.

Nous lisons dans le Catalogue de M. de Bavai, de la pépinière de Vilvord près Bruxelles, Catalogue raisonné, fait avec conscience, dont toutes les annotations n'ont été faites qu'après dégustation des fruits, que depuis la mort de Van-Mons, ses arbres ont fructifié en assez grand nombre, et que parmi eux, douze variétés ont déjà pu être jugées de bonne qualité et passer dans les pépinières marchandes.

L'exemple de Van-Mons lui avait donné des imitateurs assez nombreux.

De son vivant, M. le major Esperen, auquel est due la belle reine-claude de Bavai, avait découvert un grand nombre de fruits nouveaux; le Catalogue dont nous venons de parler renferme vingt-trois variétés de poires, presque toutes de première qualité, qui lui sont dues.

D'autre part, M. Bouvier, à Jodoigne, a déjà produit sept variétés qui figurent dans le même Catalogue.

Enfin, MM. de Coloma, à Malines, et Capiaumont, à Mons, ont obtenu eux-mêmes plusieurs gains très-remarquables.

Ainsi donc, sur un grand nombre de points en Belgique, une louable émulation fait fructifier l'exemple donné par Van-Mons.

En France, nous arrivons plus tard. L'exemple de M. Sageret a été peu contagieux; cependant il a dans le Catalogue de Vilvord plusieurs variétés intéressantes.

M. Alfroy, dans les environs de Paris, a fait quelques essais qui ne paraissent pas avoir été suivis de succès. Dans le temps, Duhamel n'obtint aucun résultat; nous-même avons perdu, dans les déplacemens, ce que nous avions obtenu de mieux, et il ne nous reste qu'un beurré et une variété d'api.

On cite encore MM. Audusson, à Angers, Léon Leclerc, à Laval, qui ont obtenu des variétés distinguées. A Angers, comme nous le verrons plus tard, M. Vibert s'occupe spécialement de varier par les semis les raisins de table et les rosiers; mais il est remarquable, qu'à l'exception peut-être de la duchesse d'Angoulême, due à M. Audusson, et d'une poire tardive de M. Léon Leclerc, par suite de l'incurie de nos pépiniéristes, ou plutôt par défaut d'amateurs qui les demandent, il faudrait, pour se procurer la plupart des variétés françaises, les demander en Belgique. Le goût de la recherche des fruits par les semis n'est donc, en quelque sorte, qu'en germe en France; mais pour que ce germe se développe, il faut des amateurs qui apprécient et encouragent les découvertes, et jusqu'ici ils ont été peu nombreux et peu empressés.

Il faut bien dire aussi que les résultats des semis ne semblent pas avoir été comparables à ceux de Belgique. Il serait peut-être possible d'en indiquer la raison ; la plupart des bonnes variétés de fruits paraissent originaires de France, elles portent partout des noms français ; il est à croire que les environs de Paris et le centre de la France en ont produit le plus grand nombre. Si la Belgique et l'Amérique ont mieux réussi que nous, ne serait-ce pas en raison de cette remarque faite par Van-Mons, que les semis sont beaucoup plus productifs en bonnes variétés, dans les climats et les pays où la variété semée est exotique ; mais les climats sont si variés en France, qu'aisément les semis y trouveraient des climats aussi dissemblables de celui de Paris, que celui de Paris peut l'être de celui de la Belgique.

Van-Mons a le premier fait une remarque importante, c'est que le semis d'une variété exotique dans un autre climat en reproduit presque immédiatement de nouvelles, supérieures souvent à celles du pays originaire. Ainsi, nous voyons les camellias, cultivés depuis long-temps en Chine, et qui n'y offrent qu'un petit nombre de variétés, les donner maintenant par centaines dans nos climats. Les pivoines arbustives ou herbacées ont vu tripler en peu d'années leurs variétés originaires. Le dahlia en a eu bientôt produit des centaines, toutes plus belles, plus remarquables que le dahlia mexicain. Le chrysanthème de l'Inde, la marguerite-reine, les verveines, fuchsias, rhododendrons, voient décupler les leurs dans nos semis indigènes ; la rose de l'Inde, rose du Bengale, en nous montrant ses variétés par centaines, a donné naissance à de nouvelles familles, les roses-thé, noisettes, Iles-Bourbon, plus belles, plus brillantes et plus variées que le type originaire.

En France, M. Sageret, dans ses semis suivis avec persévérance, a recueilli aussi des variétés intéressantes qui sont passées dans la culture générale ; il a étudié les croisemens des cucurbitacées de diverses espèces, des choux et des crucifères de différentes familles.

Les semis de tous ces hommes recommandables, ceux de quelques amateurs en Allemagne, les produits des semis adventifs et la plus grande attention qui s'est généralement portée sur ce sujet, ont depuis trente ans doublé le nombre des bonnes variétés de poires (1), et multiplié beaucoup celles des autres fruits; cependant l'espèce la plus utile de toutes, la vigne, ne semblait pas avoir fixé l'attention à l'égal des variétés fruitières; mais ses semis adventifs nombreux multipliaient incessamment ses variétés, et depuis que la question est en discussion, un grand nombre de faits nouveaux sont venus appuyer l'opinion des partisans des semis.

§ III.

Tous ces résultats offrent sans doute un bien grand intérêt, mais ils se rapportent la plupart spécialement aux plantes dont la multiplication a lieu par boutures, greffes, marcottes, éclats, drageons, bulbes, tubercules, griffes, racines, etc.; il en est tout autrement de la plupart des plantes économiques; ainsi, les céréales, les fourrages, une grande partie des légumes, se multiplient seulement en les semant; par les semis successifs des meilleures variétés obtenues, on est arrivé, en quelque sorte, à les fixer et à les obtenir presque identiques; c'est ce qui a eu lieu pour nos céréales, nos fourrages, nos légumes, nos espèces forestières, et même pour certaines variétés de fruits long-temps semées: celles qui, dans les premiers semis, donnaient des résultats variant sur une grande échelle, sont arrivées par le semis successif des meilleures

(1) M. Dubreuil, de Rouen, dans l'ouvrage remarquable qu'il vient de publier sur l'arboriculture, sur soixante-douze variétés de poires qu'il désigne comme les meilleures, en cite au moins trente-huit nouvelles.

Dans les Catalogues des pépinières royales de Vilvorde de M. de Bavai, et de Jodoigne de MM. Bivort et Fossorel, plus de moitié des variétés sont nouvelles.

d'entr'elles à se reproduire franches, ou plus exactement analogues entr'elles Ainsi, dans plusieurs provinces de Chine, le mûrier se reproduit constamment en variétés à larges feuilles; sa graine, semée en Europe, a eu le même résultat entre les mains de M. Camille Beauvais. Nous pouvons nous même citer encore trois variétés sorties seules du semis que nous avons fait, d'un petit nombre de graines de Chine qui se sont distinguées par un feuillage large et abondant. Ainsi encore le multicaule a donné une foule de variétés toutes franches et plus ou moins analogues à leur type. Nous voyons aussi, dans notre climat, la pêche Magdeleine à Thoissey, l'alberge à Mont-Gamet, la reine-claude à Tours, la prune d'Ente à Agen, se reproduire à peu près franches par les semis.

La puissance des semis successifs et la facilité d'en obtenir de prompts résultats, se montre toute entière dans un fait nouveau dû à M. Vilmorin; par le semis continué de la carotte sauvage, à racines presque linéaires, et le choix dans les meilleures variétés obtenues, il est arrivé à créer une carotte à grosses racines qui se reproduit maintenant la même par ses semis, et qui est tout-à-fait analogue à celle que nous cultivons comme légume.

Il est à croire que dans la plupart des espèces et même des variétés propagées par greffes, boutures, racines, etc., des soins successifs arriveraient à reproduire de même la variété améliorée. Ainsi, dans les rosiers, les premiers semis donnaient une multitude de roses simples ou semi-doubles; maintenant, les résultats sont presque tous semi-doubles ou doubles, et approchent des formes perfectionnées de leurs auteurs; il en est de même des dahlias, des œillets de Flandre et d'une foule d'autres variétés.

Le raisonnement, d'ailleurs, a dû nous faire entrevoir ce résultat; puisque les produits de la génération tendent toujours à reproduire ses auteurs, il est bien évident qu'en choisissant pour recueillir les graines, les individus les plus remarquables par leurs qualités, on doit approcher de plus en plus du point de perfection dont la plante est susceptible.

Toutefois, dans ce monde, le bien comme le mal a ses limites; le plus souvent, en s'améliorant, les variétés deviennent plus délicates, plus faibles; les semeurs doivent donc choisir dans leurs résultats ceux qui, avec leurs qualités améliorées, conservent leur vigueur; mais très-peu d'espèces sont arrivées à ce point, et les produits des semis sont si variés, surtout pour les plantes qui, comme la vigne, n'ont point été un sujet d'études spéciales, qu'on a long-temps encore à améliorer avant d'approcher de la limite de perfection.

§ IV.

Pour les espèces qui, comme les céréales et les plantes économiques se reproduisent au moyen d'une variété qu'on a amenée à se fixer, il arrive quelquefois que parmi tous les individus analogues, produits des semis, on en obtient qui se distinguent d'une manière marquée de la variété cultivée; si elle s'annonce meilleure que la variété type, on la sème à part, et si elle se fixe, elle devient une nouvelle variété qui entre dans la grande culture. C'est ainsi que nos variétés de froment ont été rencontrées au milieu de nombreux semis annuels, et recueillies à part pour être à leur tour cultivées comme améliorées. On cultive en Chine une variété de riz, remarquée et recueillie dans une rizière par un des empereurs qui lui a donné son nom. Les Anglais, depuis les travaux de Knight, se sont spécialement attachés à observer les résultats des semis de leurs plantes économiques; aussi ils sont parvenus, dans chaque province, à trouver dans toutes leurs espèces cultivées des variétés meilleures, plus productives et assorties au climat, et dans chaque comté, les marchands de graines offrent dans leurs Catalogues ces variétés de toutes les espèces; ils sont ainsi parvenus à améliorer tous leurs produits agricoles. Il serait donc important qu'en France, pour arriver à un pareil but, on eût les yeux sans cesse ouverts sur les résultats annuels des semis, afin de pouvoir recueillir ceux qui se distingueraient parmi les autres, pour en faire de nouveaux types de reproduction.

On a importé dans l'Amérique septentrionale nos fruits d'Europe qui y ont réussi, mais les semis de leurs pépins ont bientôt donné des variétés nouvelles en grand nombre et de bonne qualité, dont plusieurs sont déjà adoptées en Europe; il en a été de même pour les vignes, les céréales et la plupart des plantes qu'ils ont importées; ils en ont obtenu des variétés indigènes qu'ils préfèrent maintenant aux nôtres.

§ V.

On conçoit que les plantes dont l'existence est à peine annuelle, aient pu aisément par des semis successifs et le choix des meilleures variétés produites, arriver à une variété constante, mais la chose était bien plus difficile pour celles dont la vie est longue; lorsque dans ces espèces, le semis a eu produit une variété intéressante, l'industrie de l'homme a dû chercher à la fixer autrement que par la voie longue et incertaine des semis; beaucoup d'entr'elles s'y prêtaient par leur nature, au moyen des tubercules, des oignons, des griffes, des drageons, des éclats de racines; pour d'autres, l'homme a vu des branches couchées à terre prendre des racines, et il a imaginé les boutures et les marcottes; pour d'autres encore, des rameaux soudés entr'eux ou sur des arbres congénères, lui ont fait découvrir la greffe. Par ces divers moyens, il a prolongé plus ou moins long-temps et multiplié l'existence d'un individu utile, quand, en s'adressant aux semis, il lui eût fallu dépenser beaucoup de temps, de soin et de sol, pour obtenir une foule de variétés presque toutes inférieures à la première, et par conséquent son but d'une jouissance prompte, facile et sûre, n'eût point été rempli.

§ VI.

Le semis est donc une voie longue et incertaine de multiplication pour la plupart des plantes vivaces dont il faut attendre long-temps le produit; ainsi, nous nous garderons bien de le proposer pour l'établissement des vignes et des vergers; mais comme on lui doit toutes les richesses anciennes et nouvelles en fruits de toute espèce, c'est à lui toujours qu'il faut s'adresser pour les multiplier, les varier, les assortir à nos besoins, nos climats; il nous a déjà donné pour toutes les espèces, la vigne entr'autres, des résultats si nombreux, si heureux, alors même que rien n'annonce qu'on ait songé à les rechercher par des études spéciales, qu'il est hors de doute qu'ils seront encore plus utiles et plus multipliés, lorsque des hommes éclairés s'en occuperont d'une manière suivie. Chaque climat, chaque pays a des variétés qu'il préfère; mais ces variétés, quoique préférées, ont encore des défauts, elles n'ont pu être choisies dans des semis nombreux, puisqu'il n'en reste point de trace. Pourquoi donc, en multipliant ces semis, ne ferait-on pas naître un grand nombre de leurs analogues, parmi lesquels la plupart, sans doute, leur seraient inférieures, mais quelques-unes réuniraient plus d'avantages que celles qui ont fourni les semences et n'auraient pas leurs défauts?

§ VII.

Nous comptons, dit-on, déjà par centaines les variétés de fruits des diverses espèces, et celles de la vigne sont encore plus nombreuses; pourquoi chercher à augmenter la confusion qui déjà règne, lorsqu'on veut les définir et les caractériser?

Nous dirons d'abord que la difficulté que peut éprouver le naturaliste à classer les nouveaux résultats, est bien amplement compensée par des produits plus abondans et meilleurs; et puis ces variétés, celles de la vigne surtout, sont moins nombreuses qu'il ne semble; il en est de désignées sous vingt noms différens que nos synonymistes sont parvenus à réduire à une seule; et puis, parmi elles, un quart à peine mérite qu'on en recommande la propagation, un second quart serait passable, le troisième médiocre, et le quatrième tout-à-fait à rejeter; enfin, et surtout, une partie des meilleures, celles particulièrement dont l'origine est la plus ancienne, perdent leur vigueur, s'éteignent et disparaissent, comme ont fait le plus grand nombre de celles qui existaient autrefois.

§ VIII.

EXTINCTION DES VARIÉTÉS ANCIENNES.

Nos variétés actuelles sont, comme toutes les individualités matérielles, destinées à la mort; la multiplication par boutures, greffes, drageons, est évidemment la prolongation, l'allongement d'une branche d'un même individu; celle par oignons, griffes, tubercules et racines, est toujours aussi une fraction de l'individu primitif, animée de sa vie, mais qui en vivra séparée; c'est toujours une branche, un bouton, ou une racine du type, qui soit qu'on les plante ou qu'on les greffe, s'allongent en tirant leur nourriture du sol, soit immédiatement, soit avec l'intermédiaire d'un autre sujet. Dans les végétaux, la vie est en quelque sorte divisible, et la partie séparée, qu'elle soit bourgeon, branche, drageon, racine, œil, tubercule, griffe, oignon, etc., conserve la vie de l'individu-mère pendant quelque temps; mais cette vie cesse si l'art ne vient promptement à son secours par la bouture, la greffe ou la plantation; la condition pour la propagation de l'individu primitif par les moyens artificiels est donc double; elle doit se faire par une fraction de l'individu lui-même, et il faut, en outre, que cette fraction soit animée du principe vital donné originairement par le semis à l'individu-type : ce n'est donc point une nouvelle vie qui commence, c'est la même qui se continue et se partage sur les fractions d'un même individu.

§ IX.

Knight s'est assuré par des expériences nombreuses que les individus végétaux, semblables en cela aux animaux, en approchant du terme de leur vie, faiblissaient plus promptement dans les uns ou les autres de leurs principaux organes; ici les racines succombent les premières, là le système de circulation par l'écorce ou par le bois, et ailleurs le système foliacé. Il est bien évident que si on propage par ses racines l'individu dont la mort commence par cet organe, les fractions de racines dont on fait les organes de propagation ne vivront pas plus long-temps que celles de l'individu primitif; mais si on propage par les branches l'individu à faibles racines et qu'on lui en donne de nouvelles, les branches qui ont servi à la propagation dureront au moins autant qu'elles eussent duré dans l'individu primitif, s'il eût eu de meilleures racines; toutefois, la mort arrivera pour les branches qui ont servi à la propagation à peu de distance de l'époque que leur avait assignée la nature dans la procréation de l'individu primitif. Et réciproquement, si les branches sont l'organe affaibli, en leur donnant de nouvelles racines, des racines jeunes, par exemple, qui appartiennent à un autre sujet, comme on le fait dans la greffe, ces racines nouvelles soutiendront les branches déjà vieillies et prolongeront un peu leur existence. Ainsi, le poirier-type de St-Germain n'existe plus dans la forêt où il est né; ainsi à Chaumontel, l'individu-mère de ce nom ne se retrouve plus au lieu où il a pris naissance; la vie de l'individu-mère s'est continuée plus longue, en plaçant ses branches sur des sujets jeunes; mais, malgré cette position favorable, les arbres qui en résultent sentent l'effet de l'âge; ils ont perdu leur vigueur, leurs fruits se tachent, et tout annonce que leur vie n'aura pas une longue durée.

Il faut bien distinguer entre l'individu procréé par semis et le sujet propagé par greffes, boutures, etc.; le premier doit sa naissance à un germe nouveau déposé dans le grain par l'acte de la génération, germe qui a une vie distincte, une vie spéciale qui lui appartient, une vie indépendante de celle de l'individu procréateur; le germe procréé est devenu la source d'une individualité nouvelle, analogue à celle de l'individu générateur, qui s'en distingue cependant dans la plupart de ses organes; c'est en quelque sorte une création nouvelle qui doit passer par toutes les phases des existences organisées, par la jeunesse, l'âge mûr, la vieillesse et la mort; dans le second, au contraire, celui propagé par greffe, etc., nous n'apercevons qu'une fraction de l'individu primitif, une continuation de sa vie, prise dans la période où se trouve celle de l'individu type, modifiée cependant plus ou moins par les organes nouveaux qu'on lui ajoute.

En résumé, ce qui constitue spécialement un individu organisé, c'est la vie qui anime ses organes, la vie qui lui est propre et qu'il a puisée dans un germe: or, dans les sujets propagés artificiellement, la vie et les organes appartiennent à l'individu primitif et viennent de lui; ils n'en sont donc qu'une continuation; et, par conséquent, ils doivent partager sa vigueur ou sa faiblesse, sont jeunes ou vieux comme lui, et doivent finir de même.

§ X.

Il y a près de 30 ans que nous avons entamé la discussion sur la dégénération des variétés propagées artificiellement et sur leur renouvellement par les semis; la question était nouvelle alors, mais nous regardions déjà comme certain que, dans tous les ordres de végétaux cultivés, les plantes propagées par boutures, drageons, greffes, etc., finissaient par s'éteindre. Pline ne retrouvait plus les variétés de fruits et de vignes cultivées du temps de Caton, ni Olivier de Serres, celles du temps de Pline; nous-mêmes avons perdu la moitié de celles décrites par La Quintinie. Les pays à cidre d'Angleterre voient, d'après Marshall, périr leurs meilleures variétés anciennes, sans pouvoir en obtenir désormais des individus doués de quelque vitalité. Dans notre contrée, de grands et vieux arbres, d'espèces rustiques, dites *poiriers de domaine*, ne donnent plus par la greffe que de faibles individus. Partout enfin l'ancienne reinette franche, la calville blanche, l'api, le beurré gris et même le blanc, ne se régénèrent qu'en individus affaiblis, souvent chancreux, à côté de vieux arbres d'un beaucoup plus grand développement.

L'effet de l'âge est encore plus sensible sur les fruits; nos beurrés gris, beurrés blancs, Saint-Germain, virgouleuses, sucrés verts, se tachent et se fendent même dans certaines saisons, quand, à côté d'eux, les fruits nouveaux, le beurré d'Hardempont, le beurré d'Aremberg, la duchesse d'Angoulême, etc., conservent leur forme et leur peau unie; dans nos jardins, le chasselas de Fontainebleau se tache à côté de chasselas du pays, plus jeune, qui produit un fruit plein de sève et de vigueur. Si à Fontainebleau il ne paraît pas vieillir, c'est qu'on le renouvelle par des variétés que donnent les semis de hasard très-nombreux, dans un pays où on le cultive en si grand nombre, et à peu près exclusivement à toute autre variété.

§ XI.

Cette opinion de l'affaiblissement et de la disparition successive des variétés anciennes, propagées autrement que par le semis, est loin d'être nouvelle; Marshall l'a peut-être énoncée le premier dans le siècle dernier, en faisant remarquer que, dans plusieurs provinces d'Angleterre, de grands pommiers et poiriers d'excellentes variétés à cidre, qui dataient du règne d'Élisabeth, ne pouvaient plus se propager par la greffe, où ne donnaient plus que des individus chétifs et débiles.

Knight, dès le début de sa longue carrière d'expériences, de recherches de variétés nouvelles, fondait son travail sur le désir de remplacer celles qui disparaissaient.

Humphry Davy, l'illustre chimiste, dans sa chimie agricole, s'exprime sur ce sujet d'une manière si formelle, que nous le citerons textuellement :

« *Le sujet sur lequel on transporte les greffes ne fait que les* « *alimenter au moyen de la sève; leurs propriétés ne changent* « *pas; les feuilles, les fleurs et les fruits, ne diffèrent pas de* « *ceux qu'elles donnaient d'abord; le seul avantage de cette mé-*

« *thode est de fournir au rameau une nourriture plus saine, plus*
» *abondante, de le rendre momentanément plus vigoureux, de lui*
« *faire produire des fleurs plus belles et des fruits plus succulens;*
« *mais il ne participe pas seulement aux propriétés de l'arbre*
» *dont il provient; il contracte toutes ses infirmités et ses dispo-*
« *sitions à languir ou à s'éteindre.*

« *Ce fait paraît établi par les expériences et les observations de*
« *Knight; dans un grand nombre de cas, ce savant a greffé de*
« *jeunes rejetons et des pousses vigoureuses provenant de vieux*
« *arbres à bon fruit, sur des sauvageons peu avancés; ils végé-*
« *tèrent très-bien pendant 2 à 3 ans; mais cessèrent ensuite de*
« *prospérer et montrèrent les mêmes signes de vieillesse et de*
« *décadence que les arbres d'où ils avaient été extraits.*

« *C'est par cette raison que tant de variétés de pommes, re-*
« *nommées autrefois pour leur goût et l'excellent cidre qu'elles*
« *donnaient, se sont peu à peu détériorées, et menaçaient de*
« *disparaître tout-à-fait; le* GOLDEN PIPPIN, *la* CALVILLE ROUGE
« *et le* MOIL, *si parfaits dans le commencement du dernier siècle,*
« *ont atteint le terme extrême de leur détérioration; on a beau*
« *eu cherché à les maintenir par des greffes choisies, on n'a fait*
« *que multiplier des variétés maladives et épuisées.* »

Gallesio, en Italie, qui s'est aussi occupé de la recherche des variétés nouvelles, a répandu dans son pays l'opinion de la dégénération et de l'extinction des variétés propagées par d'autres moyens que les semis. Cette opinion est, il est vrai, à peu près nouvelle en France; cependant dès long-temps Rosier, Duhamel et les plus habiles agronomes qui ont étudié la culture des arbres, avaient remarqué que les variétés propagées par les boutures s'affaiblissaient insensiblement.

Nous pensons qu'il en est de même des vignes. Columelle, dans le temps, se plaignait de ce que les vignes *aminées* qui, du temps de Caton, produisaient les meilleurs vins, étaient désormais presque sans produit. Pline regardait, comme perdues, deux des principales variétés dont avait parlé Virgile. On ne retrouve plus la plupart des vignes décrites par Pline, et nous pensons que les excellens vins de Massique, Falerne, Sorente, ne sont devenus médiocres que parce que les plants des variétés qui les produisaient ont cessé d'exister.

Le Pineau de Bourgogne aurait beaucoup vieilli; on est obligé de le rajeunir par le provignage tous les 12 ou 15 ans; il en serait de même de la Sirah qui peuple presque exclusivement le vignoble de l'Ermitage; les racines de son cep sont vieilles à 15 ans et il demande à être provigné pour s'en faire de nouvelles; peu d'années après même, on se trouve condamné à l'arracher. Le chasselas de Fontainebleau se tache dans beaucoup de situations; un grand nombre d'autres plants sont dans des conditions pareilles; les variétés de vignes ne ont donc pas et ne doivent pas faire exception dans la destinée générale des autres végétaux.

§ XII.

Quand même on admettrait avec Decandole, que le végétal serait un assemblage de petites individualités se reproduisant indéfiniment, il n'est pas moins vrai qu'il faut un principe de vie qui lie toutes ces individualités, les anime, en fasse un seul être et les doue de la force reproductrice; d'ailleurs, nous ne croyons pas pouvoir admettre ce système, en tant qu'on individualise chaque élément cellulaire. Avec ce système, on pourrait de même décomposer les substances animales en élémens similaires, et multiplier ainsi l'individualisme d'une manière indéfinie et qui conduirait à l'absurde.

C'est la vie, dit Cabanis, *qui retient liés entre eux les divers élémens des corps et les laisse livrés à la décomposition*, *du moment qu'elle s'en est séparée définitivement.*

Cette durée indéfinie qu'on voudrait assurer aux individus propagés artificiellement, les assimilerait en quelque sorte aux êtres incorporels auxquels le dogme religieux nous fait attribuer une durée sans fin. L'Auteur suprême a bien voulu donner à l'homme la faculté de multiplier les existences utiles, mais il n'a pas renversé les lois naturelles, en douant des individualités végétales d'une durée qu'il a refusée à tous les êtres matériels.

Au milieu de tous les divers modes de propagation qu'on lui applique, que ce soit par œil, branches ou racines, l'individu propagé reste le même; il conserve ses habitudes, son port, ses fruits et tout ce qui constitue sa nature.

Tous les jours nous voyons toutes les individualités matérielles naître, se propager et mourir; les individualités végétales ne peuvent ni ne doivent faire exception; leur vie est plus ou moins longue, mais elle cesse et doit cesser aussi bien qu'elle a commencé.

Adanson a parlé d'un Boadbad auquel l'épaisseur de ses dernières couches annuelles aurait donné plus de 6 mille ans; mais d'abord dans son pays originaire, en raison de la différence des climats et des saisons, les couches concentriques sont-elles des couches annuelles? Notre hiver est sa saison de végétation et notre été celle de son repos; la stase de l'été se marque-t-elle donc dans les arbres d'une manière analogue à celle de notre hiver?

Et puis le calcul des années de cet individu a été fait d'après l'épaisseur de ses dernières couches annuelles; mais cette épaisseur de couche, pour un arbre dans sa décrépitude, n'est peut-être pas la dixième partie de celle de sa jeunesse: en sorte qu'en admettant que les couches concentriques soient, en Afrique comme en Europe, des couches annuelles, nous pensons que la couche moyenne pour représenter l'âge serait quadruple au moins des dernières qui ont servi à l'observation, ce qui réduirait déjà des trois quarts au moins cette grande longévité.

Nous avons vu dans le pays de Bade des chênes auxquels leurs couches annuelles donnaient plus de quatre siècles et dont les dernières étaient à peine le cinquième de celles du premier siècle; et si, comme dans le Boadbad, on eût jugé leur âge d'après elles, au lieu de le juger à la vue d'une coupe du tronc, on leur aurait donné quinze à vingt siècles au lieu de quatre.

§ XIII.

CRÉATION DE VARIÉTÉS NOUVELLES.

Mais si, comme nous venons de l'établir, toutes les variétés que nous propageons par des moyens artificiels, doivent prendre fin, nous devons recourir aux moyens qui les ont fait naître, pour en retrouver de nouvelles, c'est-à-dire aux semis. Le plus souvent, nous les devions aux semis adventifs; en les multipliant et les soignant, ces semis, nous retrouverons sans doute des variétés égales au moins en qualité; et, suivant toute vraisemblance, nous les aurons même préférables à celles que nous avons perdues ou que nous sommes menacés de perdre.

Des faits nombreux peuvent s'ajouter à ceux que nous avons précédemment cités.

Ainsi, au commencement du siècle, nous avons vu le dahlia, arrivé du Mexique, nous donner dans ses semis des fleurs simples avec des nuances assez variées; depuis et successivement, en recueillant la graine sur les plus belles variétés, les doubles ont bientôt apparu; les nuances se sont multipliées, les formes ont varié, et chaque semis nous procure maintenant une foule de variétés plus belles que celles recueillies il y a dix ans; chaque année, on croit être arrivé à la limite de beauté pour les nuances, le port, les panachures, la forme, et, chaque année, apparaissent des modifications plus belles encore que celles obtenues.

Les semis de la rose n'ont pas été moins étonnans; les Hollandais, avec leur patience et leurs semis de plus d'un siècle, étaient arrivés à multiplier les variétés en assez grand nombre et particulièrement les nuances foncées; mais, sous la main de nos semeurs, elles se sont multipliées par centaines et on pourrait dire par milliers. La rose du Bengale, arrivée avec ses deux variétés ponceau et rose, nous en a bientôt procréé des centaines qui, par leur hybridation spontanée, ont donné naissance à d'autres dites remontantes, beaucoup plus belles que leur type originaire. Ainsi encore, nous avons vu naître les familles de roses thé, noisette, île Bourbon, variétés tranchées dont les botanistes auraient fait des espèces, si leur origine eût été moins connue. Resemées elles-mêmes, ces variétés ont procréé des hybrides qui conservent la faculté florifère du type et ont reçu de nos variétés indigènes celle de résister aux rigueurs de notre climat. Sous nos yeux, et en peu d'années, nous voyons aussi la rose semi-double perpétuelle se multiplier par ses semis, se varier, s'embellir, tout en conservant la faculté précieuse de donner des fleurs à chaque bourgeon.

Nous nous dispenserons d'analyser de la même manière les progrès que nos amateurs et nos artistes ont fait faire aux camellias, aux pivoines arbustives ou herbacées, aux rhododendrons, aux azalées, à toutes les espèces de liliacées, aux plantes tuberculeuses, aux renoncules, aux anémones, aux œillets, aux quarantins, pensées, anthemis, verveines, fuchsias, enfin à toutes nos variétés florifères, arbustives ou herbacées; il a suffi que l'intelligence de l'homme s'attachât à l'étude de l'une de ces espèces pour faire naître, comme par enchantement, au moyen des semis, des variétés toutes plus belles les unes que les autres, et en nombre presque indéfini.

Nous en dirons presque autant pour nos espèces fruitières. Il y a quinze ans à peine, lorsque Van-Mons offrait à pleines mains les excellens produits de ses semis, on contestait le fait comme aujourd'hui pour les vignes, jusque dans le sein de nos sociétés agronomiques les plus savantes; les contradicteurs sont maintenant arrivés au silence, et c'est bien force, quand les pépiniéristes et leurs catalogues doublent, par l'adoption des variétés nouvelles, le nombre des bons fruits anciens.

Un fait isolé et encore récent prouve la facilité d'obtenir par les semis de bonnes variétés. Il existe, à deux lieues d'Epinal, un verger de 40 à 50 arbres, tous produits constatés d'un seul semis; aucun d'eux n'est greffé, et ils produisent des fruits de qualité au moins moyenne; nous avons vu le propriétaire semeur, ancien militaire; nous avons vu ses arbres sans greffes et leurs beaux fruits qui approchaient de leur maturité; nous en avons même reçu un envoi qui est venu à l'appui du témoignage que leur a rendu, à diverses reprises, la Société d'Agriculture d'Epinal.

§ XIV.

Les faits de semis créateurs de bonnes variétés s'accumuleraient bientôt presque aussi nombreux pour les vignes que pour les arbres fruitiers.

La vigne, dans la nature, atteint au sommet de nos plus grands arbres; celle qui s'établit dans nos buissons se ramifie et s'étend presque indéfiniment; dans toutes ses variétés, la sève porte sa grande puissance de végétation dans le dernier ou les deux derniers yeux des bourgeons; nous devons donc la regarder comme un grand arbuste dont la destination naturelle est de chercher des appuis et de s'élever à toute leur hauteur; l'homme a trouvé ses fruits agréables, il est parvenu à en faire une liqueur fermentée dont l'effet puissant, sur son organisation, est devenu pour lui un stimulant qui l'a porté à cultiver avec soin le végétal qui la produisait; dans le hasard de ses semis, il a rencontré des variétés moins vigoureuses, mais plus fructifères, qui, par la succession des temps et des semis, lui en ont bientôt présenté de plus naines et de plus fécondes encore qu'il a adoptées, parce qu'elles étaient en quelque sorte descendues à sa portée; mais on retrouve l'espèce primitive dans nos bois avec sa vigueur, sa tendance à s'élever et son peu de fécondité; on la retrouve même, mais plus fructifère, dans tous les pays où on la cultive encore comme dans les temps anciens sur des arbres. Cette culture a été long-temps presque exclusivement la seule; ce n'est que par la suite des temps qu'on est arrivé aux variétés naines d'un produit de meilleure qualité. Ce serait donc aux semis que, dans la vigne comme dans la plupart des autres végétaux, l'homme aurait dû l'amélioration de son produit et les variétés actuellement cultivées.

Mais c'est en l'important dans le Nord qu'on a eu plus besoin de rapprocher de terre la plante méridionale pour la faire mûrir; c'est donc là qu'ont dû se faire principalement les recherches, et qu'on a trouvé ces variétés fécondes et naines qui ont résumé leur puissance de végétation en abondance de fruit; mais la peine et les soins n'ont pas été perdus; ces espèces nouvelles, rapprochées de leur mère nourrice, ont donné, en résultat, des vins supérieurs à ceux mêmes des contrées originaires de la vigne.

Mais ces succès des semis sont anciens et peuvent laisser quelques doutes sur leur origine; arrivons donc au temps présent et à ce que nous voyons sous nos yeux.

Les catalogues et les pépinières de MM. Bauman, à Bolwiller, renferment une multitude de variétés de raisins dues aux semis d'œnologues allemands dont ils donnent les noms.

Knight, en procréant, par ses semis et ses croisemens, les variétés nouvelles dans les espèces végétales les plus utiles, a trouvé plusieurs raisins remarquables par leurs qualités et leur précocité.

Van-Mons en a découvert plusieurs variétés assorties au climat de la Belgique; il ne nous en est arrivé qu'une portant le nom de Moustrueux-Decandole; ses fruits, que nous voyons chaque année, sont effectivement les plus gros raisins de notre climat; leur saveur est douce, ils mûrissent aux époques ordinaires; leur moût marquait, en 1845, un degré; et, en 1846, deux de plus que celui de la récolte moyenne.

M. Gréa, ancien député du Jura, a recueilli d'un semis peu nombreux quatre variétés fécondes et de bonne qualité, qu'il propage dans ses vignes.

M. Loiseleur-Deslongchamp a trouvé de nombreuses variétés dont il a rendu compte et qui lui ont offert beaucoup d'intérêt.

M. Jacques, à Neuilly, a obtenu une variété précoce remarquable.

M. Reignier, d'Avignon, a présenté, en 1845, au congrès vinicole de Dijon des raisins de trois variétés nouvelles et précoces, dues aux semis de MM. Vibert et Jacques, de Neuilly, et deux hâtives aussi, issues par ses soins du Joanen de Vaucluse.

Nous parlerons plus tard, et plus en détail, des travaux de M. Vibert qui, seul en France, étudie, d'une manière suivie et avec quelque étendue, les semis de vignes.

Nous ne devons pas passer sous silence l'auteur de l'*Ampélographie*, qui a recueilli d'un semis plusieurs variétés qu'il conserve dans sa collection.

Enfin, d'un semis assez nombreux, deux fois transplanté, et qui date de plus de six ans, nous avons vu, l'année dernière, fructifier une variété; en 1856, cinq à six ont produit leurs premiers fruits qui s'annoncent très-bien.

Et remarquons que ces résultats ne sont pas le fruit de longues investigations ni de recherches pénibles; à l'exception des résultats nombreux, il est vrai, de M. Vibert, aucun ne semble avoir été produit à la suite d'études bien suivies, qui auraient pris beaucoup de temps, d'espace ou de soins.

§ XV.

Mais ces recherches ne se bornent pas à la France.

Une lettre du comte de Goëss, président de la Société impériale d'Agriculture de Vienne, au président du Congrès vinicole de Marseille, annonce *que la culture de la vigne, en Autriche, a fait de grands progrès par l'introduction de nouveaux cépages*, que l'un des membres du Conseil d'administration s'occupe sans relâche de la synonymie *et surtout de la production des nouvelles variétés par la semence ou par la génération hybride*; qu'on désire beaucoup se mettre en rapport avec M. Vibert pour faire des échanges mutuels de *nouvelles variétés dont on possède déjà d'assez remarquables et dont l'origine est aussi sûre qu'instructive.*

On voit donc que la Société impériale de Vienne attache beaucoup d'importance à la synonymie, mais surtout à la création de nouvelles variétés par les semis, et qu'elle a déjà obtenu de grands et beaux résultats.

Près de Bude en Hongrie, Schams, dont l'œnologie doit déplorer la perte prématurée, avait fait des semis nombreux et très-bien ordonnés, que l'auteur de l'*Ampélographie* a visités, à ce qu'il semble, avec intérêt et dont il énonce le désir de voir les résultats.

§ XVI.

On oppose que le nombre des variétés est déjà bien grand, que le temps nécessaire pour juger leurs produits en vin est bien long, qu'il serait mieux employé à étudier et connaître celles que nous avons déjà, et enfin, qu'il y aurait du danger à remplacer, dans les grands vignobles, les plants connus par de nouvelles variétés.

Ces objections ne doivent pas rester sans réponse.

Sans doute, il est utile, très-utile, de tirer parti des richesses que l'on a; nous ne voulons détourner personne de cette intéressante étude; mais pendant que les uns s'occuperont d'arriver à cette synonymie si difficile à fixer, pourquoi d'autres œnologues, les jeunes surtout, ne chercheraient-ils pas à acquérir de nouvelles richesses. Pourquoi, dans ce siècle de progrès, se fermer une carrière de perfectionnement évidemment féconde, une carrière si belle, si étendue, où l'on peut puiser l'amélioration de nos vins communs et ajouter peut-être à la finesse et au produit des plus distingués ? Les variétés cultivées en vins fins comme en vins communs ont toutes des défauts que les semis peuvent plus ou moins faire disparaître; les plants tardifs peuvent prendre de la précocité; les faibles, de la force; les inféconds, de la fécondité; les délicats, plus de rusticité. On peut ainsi obtenir des moûts plus sucrés, plus colorés; en semant des raisins parfumés, on fera varier leurs parfums, et, par conséquent, ceux des vins qu'ils produisent; enfin, la facilité qu'a eue le petit nombre de ceux qui ont semé à rencontrer d'heureux résultats, doit être un encouragement pour ceux qui voudront les imiter; et puis, pour abréger l'attente, on peut greffer ses sujets de semis sur de vieux ceps, et on couche ensuite, suivant la prescription de Van-Mons, les sarmens deux années de suite; par ce double moyen, on hâte la fructification.

De plus, il n'est pas à croire qu'il soit nécessaire de prendre beaucoup de peine pour hybrider les variétés; à l'époque de la floraison, les poussières fécondantes de la vigne inondent l'atmosphère et fécondent les plants à distance comme le pied-mère lui-même; aussi, la plupart des semis de pépins pris dans les vignes à variétés nombreuses, en donnent-ils de très-dissemblables; le raisin noir produit du blanc et réciproquement; lorsqu'on voudra améliorer un plant spécial, il serait donc à propos de prendre ses semences dans des vignes qui en seraient en plus grande partie composées.

L'hybridation a lieu tout naturellement et sans qu'on s'en mêle; et quand on voudra hybrider plus spécialement deux variétés entre elles, il suffira de les accoler ensemble, d'en rapprocher les bourgeons fructifères et même les jeunes grappes en fleur; autrement, il serait assez difficile, et sans succès probable, de couper les étamines pour forcer ces unions adultères.

§ XVII.

Les plants fins sont, en général, peu productifs; et cependant le plant qui fait le vin du Beaujolais rapporte le double de celui qui donne les vins fins de Bourgogne; cependant, ces plants semblent appartenir à la même famille; leur taille et leur conduite sont les mêmes, leurs fruits se ressemblent; ils sont tous deux précoces, mais ici ils sont plus gros, plus multipliés, et là, plus petits et plus rares.

Le plant du Beaujolais a encore d'autres avantages sur le Pineau; son vin conserve à-peu-près sa qualité avec l'emploi des engrais animaux, proscrit des grands crûs de Bourgogne. Au bout de peu d'années, les vignes nouvelles qu'il peuple donnent de bon vin, quand il faut, d'après M. de Vergnette, en attendre dix pour voir celui du Pineau de Bourgogne retrouver sa qualité; enfin il dure, sans avoir besoin d'être provigné, pendant vingt-cinq, trente, quarante ans. Qui sait, d'ailleurs, si ce plant, sur les coteaux de Bourgogne, ne produirait pas un vin aussi bon que le Pineau; pour sûr, il serait plus fécond, car le sol des coteaux calcaires de Bourgogne est, sans contredit, supérieur à celui des coteaux granitiques du Beaujolais; du reste, en semant des pépins de Pineau crûs au milieu de plants du Beaujolais et d'autres plants fins productifs, on obtiendrait des variétés multiples dont plusieurs, sans doute, seraient fécondes en conservant de la finesse.

Dans l'emploi de ces plants nouveaux, il y aurait, il est vrai, dans les grands crûs, de longs essais à tenter avant de se décider à leur faire remplacer les plants actuels, et il faudrait aller bien doucement, crainte de compromettre la qualité du produit; mais, avec du temps, de la mesure et de la patience, on arriverait, à ce qu'il semble, à pouvoir obtenir du mieux en quantité et peut-être même en qualité.

Nous avons, d'ailleurs, un exemple frappant de pareils changemens faits sans inconvénient, avec avantage même.

On multiplie dans ce moment, dans le Beaujolais, deux nouveaux Gamais qui sont dus aux vignerons dont on leur a donné le nom, et que nous ne saurions attribuer qu'à des semis de hasard; ils sont nés l'un et l'autre dans une même commune. Le plus ancien des deux, le plant Nicolas, s'est long-temps cantonné du côté de Villefranche. M. Desvignes l'aîné l'a importé dans le Mâconnais où il a un grand succès; il passe maintenant la Saône pour venir dans le vignoble de la rive gauche qui, d'ordinaire, fournit le plant de la rive droite; il est plus fécond que le Gamai ordinaire; ses grains sont plus espacés; par cette raison, il se défend mieux des pluies et des mauvais temps, lorsqu'ils accompagnent la vendange. Il se taille court, mais il demande beaucoup d'engrais et un assez fréquent renouvellement; on lui en préfère maintenant un autre auquel on a donné le nom de plant Picard; celui-ci est plus robuste contre le froid, plus précoce, rapporte à-peu-près autant, exige moins d'engrais et a moins souvent besoin d'être renouvelé, ce qui le fait préférer.

On a trouvé dans cette substitution de plant, accroissement de produit et même de qualité; il semble donc que ce sera avec tout avantage que se fera la substitution de ces plants jeunes au plant ancien du pays.

Les vins communs, d'ailleurs, ne demanderaient ni autant de temps, ni autant de précautions, et ils sont dix fois plus nombreux que les bons vins. La fécondité d'un plant, l'essai de son moût au gleucomètre, suffiraient pour décider de tenter son adoption; d'ailleurs, dans tout état de cause, dans les vignes des grands crûs comme dans celles des vins communs, le remplacement des plants anciens par un plant unique qu'on n'a point encore pu multiplier, demande nécessairement assez de temps pour que la nouveauté puisse être jugée avant de lui donner de l'étendue.

Quant au temps nécessaire pour voir fructifier les vignes de semis, nous voyons, dans le rapport de M. Boutard, sur les travaux de M. Vibert, rapport adopté par le Congrès d'Angers, que, depuis que ce dernier s'occupe de semis, malgré qu'il ait eu à subir trois déménagemens et transplantations, et autant de gelées, les plants le long des murs ont fructifié à cinq à six ans, et ceux en pleine terre, quelques-uns à sept et la plupart de neuf à dix; mais en greffant et couchant ces plants nouveaux, on pourrait encore abréger ce temps, bien moins long d'ailleurs que celui nécessaire pour obtenir des résultats en synonymie.

Mais, ajoute-t-on, il faut beaucoup semer pour obtenir peu. L'expérience prouve le contraire; MM. Gréa, Deslongchamp, Reignier, Jacques et Odard, ont peu semé et ils ont cependant obtenu des résultats qu'ils ont cru utile de conserver.

Bien plus, nous lisons dans le rapport de M Boutard que, sur quatre-vingts plants qui ont fructifié, M. Vibert, qui ne travaille que pour des raisins de table, en a conservé six pour cet emploi, *mais qu'aucun de ceux supprimés n'était inférieur en grosseur, ni en qualité, aux raisins de vignes cultivées pour le vin.*

Et puis leur variation est bien grande, puisque sur ces quatre-vingts variétés qui ont fructifié, quatorze seulement paraissent identiques avec celles semées, et, par conséquent, 5/6es des résultats faisaient varier les espèces. Ainsi donc, en même temps que les résultats se font peu attendre, ils sont immédiats et nombreux. Il est à croire que des amateurs recueilleront, pour les expérimenter, les variétés que rejette M. Vibert et qui n'entrent pas dans son plan de recherches, mais qui pourraient convenir à la production du vin. Déjà même, l'année dernière, M. de Merměty en a reçu de M. Vibert; il nous en a, en 1846, sur notre demande, adressé un certain nombre; cependant, comme les pépins de ses semis viennent spécialement de raisins de table, les variétés vinifères produites ne doivent pas offrir autant d'intérêt que si elles provenaient de raisins employés pour le vin.

Puisque nous en sommes à la question des semis pour la recherche des raisins de table, nous ferons remarquer que le raisin est le fruit qui se conserve le plus facilement et dure le plus long-temps. Pendant six à huit mois, de septembre en avril, on peut manger d'excellens raisins. Ce fruit peut, avec nos meilleures poires, prendre le premier rang parmi nos fruits d'hiver; et puis il est le fruit le plus fécond, il est moins casuel que la plupart des autres. Chacune de ses variétés a sa saveur propre, depuis le muscat jusqu'au chasselas. On a varié par centaines les poires pour la table, mais les raisins pour cet usage n'attirent aucune attention; on doit donc beaucoup de reconnaissance à MM. Vibert, d'Angers, et Reignier, d'Avignon, qui tous deux s'en occupent spécialement et ont déjà obtenu de remarquables résultats; le premier sème toutes les meilleures variétés et cherche à varier les saveurs; le second s'attache spécialement aux variétés précoces; dans le climat méridional, ces variétés mûriraient au mois de juillet et trouveraient à Lyon et même à Paris, avec les chemins de fer, un débouché facile et avantageux, et nos deux grandes villes jouiraient, deux mois à l'avance, de l'un des meilleurs fruits de notre climat.

§ XIX.

Mais nous avons à citer, en faveur de l'opinion que nous défendons, un suffrage auquel, dans la circonstance, nous attachons le plus grand poids.

Je crois possible, nous dit M. Odart dans son *Ampélographie*, *d'obtenir, par les semis, quelques variétés de vignes supérieures à celles qu'on connait, mais j'ai la conviction qu'on se donne beaucoup de peine pour un résultat incertain et bien éloigné.*

Il croit donc, avec nous, possible d'obtenir par les semis des variétés supérieures à celles connues, mais il les rejette parce qu'il croit leurs résultats incertains et bien éloignés. Son objection tombe, à ce qu'il nous semble, devant tous les faits que nous venons de citer, et nous pensons qu'au lieu de décourager cette puissante source d'amélioration, l'ami du progrès doit, au contraire, l'appuyer de tout son suffrage.

Que des hommes avancés dans la vie ne se jettent pas dans cette carrière, crainte de n'en pouvoir juger les résultats, cela paraît rationnel, mais c'est à eux à dire à ceux qui doivent les remplacer et qui sentent battre dans leur cœur le désir d'être utiles: *Travaillez, prenez de la peine, interrogez la nature avec patience et longueur de temps, et elle vous répondra en vous ouvrant ses trésors.*

§ XX.

C'est encore dans l'ouvrage que nous venons de citer que nous trouvons les preuves les moins contestables de notre opinion.

La tribu ou famille des Gamais, depuis moins d'un demi-siècle, aurait fait des acquisitions nombreuses et importantes. Le type premier de cette race, le gros Gamai, Gamai à grains ronds, serait originaire du village de Gamai en Bourgogne, qui lui aurait donné son nom. Ce type, suivant M. Odart, aurait donné naissance, *soit par semis adventifs, soit par semis soignés et préparés par l'homme*, à plusieurs variétés qui lui sont supérieures.

1° Au Gamai de Malain, nom du village où un vigneron, encore vivant, l'a le premier recueilli et propagé, il n'y a pas cinquante ans; ce plant, plus productif que le gros Gamai, donne un vin plus estimé.

2° Dans le village d'Arcenans, un cultivateur a trouvé, plus tard, le plant d'Arcenans dont le raisin est plus gros et de maturité plus tardive que le précédent; il s'est beaucoup répandu en raison de son grand produit, il n'est point encore connu de l'auteur.

3° Plus nouvellement encore, dans le village de Bévy, un vigneron a découvert le Gamai de Bévy, qui tient le milieu entre le Gamai de Malain et celui d'Arcenans; ses grappes, moins serrées, sont plus longues que celles du premier, et il est plus hâtif que le second; si ses succès se soutiennent, on le préférerait à tous deux; il est aussi jusqu'ici inconnu à l'auteur de l'*Ampélographie*.

4° M. Odart a donné le nom de Lyonnaise du Jonchay à une petite variété du petit Gamai, plus productive, trouvée, il y a quarante ans, par le vigneron Chatillon.

5° Il existe encore une variété du petit Gamai, découverte, il y une vingtaine d'années, par un paysan dans son champ; cette variété porte le nom de plant des *Trois-Ceps*, parce qu'elle est due à trois ceps sortis de terre tout près l'un de l'autre, qui ont donné un fruit tout-à-fait identique, que sa qualité a bientôt fait répandre dans les vignobles voisins.

6° En décrivant le plant de Perrache, M. Odart rappelle qu'on l'a trouvé dans un saule de la presqu'île Perrache, et qu'il est issu du Gamai, famille la plus cultivée dans le pays.

7° et 8° M. Odart a reçu deux autres bonnes variétés de Gamai, obtenues naguère de semis par M. Henriet, directeur de la pépinière départementale de l'Allier.

9° et 10° Enfin, nous rappellerons ici les deux plants nouveaux de même famille, qui, ainsi que nous l'avons dit, se substituent dans le Beaujolais avec avantage au plant ancien du pays.

Il résulte donc de ces faits, qu'une seule famille, dont depuis cinquante ans on a recueilli avec soin les semis adventifs, a donné, dans cet espace de temps, des résultats multipliés et supérieurs à ceux déjà obtenus. Puisque le hasard a été si productif dans une seule famille, on a eu plus d'intérêt à l'étudier. Que ne devrait-on pas attendre d'études suivies et multiples d'hommes dévoués sur les diverses familles qui produisent nos vins de toute qualité.

Nous croyons devoir citer encore un renseignement que nous devons toujours à M. Odart, et qui appuie de la manière la plus précise l'opinion que nous énonçons.

M. de Hartwiss, directeur de l'établissement viticole de Nikita, en Crimée, lui annonce qu'*il a obtenu de ses semis du muscat noir d'Alicante, deux autres muscats noirs fort distingués, et du muscat blanc de Frontignan, la muscatelle blanche qu'il a dédiée à l'archiduc Jean, raisin qui charge beaucoup et qui s'annonce devoir être excellent pour la table et la cuve; il a encore obtenu de l'Isabelle un raisin tardif qu'il a dédié à la grande duchesse Hélène, délicieuse espèce qu'il recommande aussi pour la table et la cuve.*

Ainsi donc, c'est à M. Odart et à son excellent ouvrage que nous devons les preuves les plus multipliées de notre opinion sur la puissance et l'efficacité des semis et la promptitude de leurs résultats pour l'amélioration des variétés de la vigne.

On conçoit l'espèce de répugnance que peuvent avoir à encourager et conseiller les semis, les personnes qui s'adonnent exclusivement à fixer la synonymie des plants de vignes; les variétés connues sont déjà si nombreuses, et leur présentent tant de difficultés pour le classement, que le synonymiste dévoué craint la foule de variétés nouvelles qui surgiraient et viendraient accroître les embarras et les difficultés de la matière.

§ XXI.

SYSTÈME DE VAN-MONS SUR LES SEMIS.

Puisque nous avons traité d'une manière générale la question des semis, il nous semble convenable de reproduire ici les idées principales du système de Van-Mons qui leur a donné la grande impulsion. Cet homme zélé, qui a dévoué sa vie à la recherche des variétés fruitières, a consigné les résultats de ses expériences dans un ouvrage remarquable, rempli d'observations pratiques et d'idées neuves, quelquefois hasardées, mais souvent aussi très-justes. Il a, à ce qu'il semble, remarqué le premier que les espèces exotiques ont beaucoup plus de tendance à donner des variétés que les espèces indigènes. Sans nous occuper des raisonnemens qu'on pourrait invoquer à l'appui, son observation résulte de faits nombreux qui la rendent incontestable; c'est, nous le pensons, à cette loi naturelle que nous devons les immenses progrès de la culture des fleurs dans notre pays et des produits qui n'y sont pas indigènes; nos camélias, nos pivoines, nos anthémis, nos marguerites-reines, surpassent de beaucoup leurs types originaires de Chine, qui y sont cependant cultivés avec soin depuis des siècles; ce serait à la même loi encore que Van-Mons d'abord, et les Belges ses imitateurs, devraient leurs variétés si nombreuses de fruits, et ce serait elle qui aurait fait naître en Amérique les centaines de variétés de poires, de pommes, de raisins, qui peuplent leurs Catalogues.

§ XXII.

Il était naturel de penser que les semences tirées de fruits perfectionnés devaient produire de meilleurs résultats que celles provenant de fruits médiocres, et que celles recueillies des meilleurs fruits de cette première génération devaient encore être préférables, et ainsi successivement. Van-Mons a admis cette idée, mais il lui a donné, à ce qu'il semble, trop d'extension; il a posé en principe que les semences de fruits anciens ne donnaient aucun résultat vraiment utile; que ce n'était qu'à la cinquième, sixième, septième génération de fruits successivement choisis, qu'on pouvait obtenir de remarquables succès; il a poussé jusqu'à leurs dernières limites les conséquences d'un principe vrai et est ainsi parvenu à les rendre fausses ; la moitié au moins des fruits nouveaux, la plupart comparables aux siens, ont été obtenus de semis immédiats des variétés anciennes, sans avoir été obligés de passer par cette suite de générations qui demanderaient la vie de plusieurs hommes ; d'ailleurs, l'erreur de Van-Mons résulte moins de l'exagération du principe qu'il admet que de l'application qu'il en fait, car nos bons fruits sont probablement eux-mêmes le résultat de semis de plusieurs générations successivement améliorées.

Nous ne serions pas non plus disposé à appuyer son opinion sur la greffe des sujets de semis, il ne pense pas qu'elle puisse servir à avancer la fructification ; il serait dans le vrai s'il s'agissait de greffer sur des arbres de même âge et d'égale vigueur ; mais comme on greffe les poiriers sur coignassier, les pommiers sur paradis, on leur donne par-là les racines de sujets peu vigoureux, et, par conséquent, on modère leur vigueur native, première condition de fructification dont on retrouve la preuve dans toutes les pépinières où l'on voit les greffes sur coignassiers fructifier plutôt que celles de même âge sur sauvageon.

Ensuite on donne à la greffe les racines d'un arbre adulte ; et comme la greffe participe toujours de la nature de son sujet, elle s'approche par là, en quelque sorte, de l'âge adulte, et, par conséquent, le fruit doit y naitre plus tôt.

Par la même raison, on avance la fructification des jeunes semis de vignes en les greffant sur des vignes adultes et fécondes, et plutôt encore sur provins que sur souche.

§ XXIII.

Van-Mons a remarqué encore que, dans les semis successifs, les produits, à mesure qu'ils s'amélioraient, perdaient de la vigueur, de la longévité, et fructifiaient plus promptement ; il en était arrivé jusqu'à assigner à peine soixante ans à la vie de ses dernières variétés perfectionnées ; nous pensons que là aussi il a poussé trop loin les corollaires d'un principe juste en lui-même; il est vrai, comme nous l'avons dit, que le bien a ses limites comme le mal, et que, dans les efforts que fait l'homme pour conduire ses œuvres à la perfection, il n'acquiert souvent certaines qualités qu'en en perdant d'autres; mais l'essentiel est de gagner plus qu'on ne perd; et puis l'Auteur suprême a assigné à toutes ses œuvres des qualités que l'homme ne peut pas changer; il peut bien les modifier dans une certaine latitude, mais au-delà il en résulterait la confusion des êtres auxquels la Providence a assigné une existence, des qualités et des conditions toutes spéciales.

Il ne parait pas, toutefois, que les derniers fruits obtenus par Van-Mons aient une supériorité marquée sur les premiers, et ses conjectures sur leur durée, qu'il n'a pu vérifier, nous semblent aussi hasardées; il a cru approcher de la limite de perfection des variétés fruitières, mais la latitude est encore bien grande, et nous pensons que la carrière serait à peine entamée, surtout pour les vignes.

Van-Mons conseille encore de semer les pepins de fruits cueillis avant maturité; il est à croire qu'il avait éprouvé que ces semis produisaient des fruits plus délicats, mais il est à craindre qu'ils ne donnent aussi des variétés plus faibles et de moindre durée; comme la puissance de végétation et la durée des arbres offrent un grand intérêt, nous préférerions les semis de pépins arrivés à maturité, dussions-nous obtenir de bons résultats en moindre nombre.

Ces diverses opinions de Van-Mons compliqueraient plus ou moins les difficultés que présentent les semis; par cette raison, nous avons pensé qu'il pourrait être utile à l'opinion que nous jugeons très-utile de propager, de ne les adopter qu'avec restriction.

§ XXIV.

DE LA DIRECTION DES SEMIS.

Après avoir prouvé la grande utilité des semis, il serait à propos de dire quelques mots sur la manière de les conduire

Une petite planche de jardin suffit, chaque année, lorsqu'on doit renouveler ses semis tous les ans; on sème à mesure qu'on les consomme les noyaux et pépins des fruits d'été, d'automne et d'hiver, et les pepins de raisins à la vendange, en séparant les espèces les unes des autres; on recouvre les semences d'une couche de terreau; nous ne conseillons pas la stratification d'hiver pour les graines qu'on peut semer en automne. Quant aux pépins des fruits qu'on consomme en hiver, alors que la neige ou la gelée ferme en quelque sorte l'accès du sol, on les conserve en local tempéré, dans du sable ou du terreau tenu frais; mais, aux premiers temps doux, il faut se hâter de les mettre en terre; lorsqu'on attend, pour le faire, que les pépins et les noyaux soient germés, les germes résistent trop peu et trop mal aux printemps secs. On entretient sa planche de semis fraîche par quelques arrosemens; on bassine légèrement au moment de la sortie; pendant la sécheresse, on donne de temps en temps quelque arrosement le soir; l'hiver suivant, on peut planter, en pépinières, les sujets fruitiers qui ont pris un développement suffisant; l'année d'après, on y place le reste des sujets; on enlève successivement de la pépinière, pour donner de l'espace à ceux qui restent, les individus à feuilles petites, minces, qui se hérissent d'épines; l'épine n'est pas un signe de réprobation, dit Van-Mons, mais c'est seulement lorsqu'elle se transforme en dard qui prend bientôt le bouton à fruit. Après deux ans de pépinière, on avance la fructification en greffant les sujets sur coignassier et paradis, et on met à fruit tant les greffes que les sujets qui restent en pépinières, en pinçant dans la saison, en arquant et incisant les branches latérales, en employant, enfin, les différens moyens connus pour mettre à fruit les arbres greffés.

L'arqure de toutes les branches, tige comprise, ne nous a pas réussi; elle se résume en confusion de branches sur un arbre qui n'a point encore pris de développement, et les boutons à fruit ne peuvent s'y former, parce que leur formation demande de l'air et de l'espace; nous pensons donc qu'il faut laisser la tige s'élever et qu'il suffit d'arquer en août les branches latérales, en leur laissant prendre pendant l'année tout leur développement. Lorsque les branches sont fortes, on peut, en outre, au printemps, leur appliquer l'incision annulaire; plus tard, on peut employer les pincemens, cassemens et taille à l'épaisseur d'un écu de la taille des arbres greffés. Toutefois, ces moyens sont loin d'être nécessaires; en abandonnant l'arbre à lui-même, on peut espérer d'en avoir des fruits dans l'espace de six à dix ans; mais ces moyens, employés avec discernement, ne peuvent que hâter le moment de la fructification.

Revenant maintenant aux semis de vignes qui doivent nous occuper plus spécialement, en les tenant frais, on les voit sortir au mois de mai; dans l'hiver suivant, on les repique à six pouces de distance s'ils sont assez forts; à la troisième année, si le sol y est disposé, on les place à quelque distance du mur, on les provigne deux années de suite, et la seconde année, on fait ressortir, au pied du mur, le sarment qui déjà peut donner des fruits.

On peut planter aussi en vigne pleine, mais on aura du fruit plus tard, et toujours encore faut-il coucher les sujets pour les avancer. Cette opération, conseillée par Van-Mons, hâte la fructification; M. de Merméty a, par ce procédé, obtenu du fruit d'un cep de semis âgé de six à sept ans et qui avait jusque-là refusé d'en donner. Son cep, taillé d'abord court, donna un long sarment qui poussa deux bourgeons latéraux; il coucha le sarment entier avec ses deux bourgeons; le plus près de la souche à feuilles découpées, ne donna point de fruit; le second à feuilles rondes produisit plusieurs raisins. Ainsi donc, lorsqu'un cep de semis donne plusieurs bourgeons, il faut coucher préférablement ceux dont les feuilles sont moins échancrées, parce qu'ils offrent plus de chance de donner des fruits; ordinairement, ce sont ceux éloignés de la souche qui y sont le plus disposés.

On ne peut pas juger une variété sur les premiers fruits qu'elle donne ; cependant, il est à croire que celles qui se mettent les premières à fruit, sont des variétés à taille courte ; mais on a dû, en faisant ses semis, distinguer celles dont on a pris les pépins, et il faut naturellement tailler court celles provenant de race à taille courte, et long celles de race à taille longue. Toutefois, ce principe ne peut être absolu, et la taille doit se modifier sur chacune de ces individualités nouvelles, suivant leur nature qu'il faut étudier dans les années qui se succèdent. Les variétés ne peuvent se juger qu'après quelques années d'expérience, et l'œnomètre peut servir à préjuger la quantité de sucre qu'on peut en espérer.

Nous disions que les variétés à taille courte se mettaient plus promptement à fruit ; nous avons un semis de variétés vinifères qui, depuis deux ans, commence à nous donner des fruits; mais ces fruits proviennent de variétés à taille courte, pendant que le Poulsard à taille longue nous donne encore des feuilles échancrées, caractère qui annonce que nous attendrons plusieurs années encore leurs fruits.

On voit que ces soins pour les semis de toute espèce ne sont ni longs, ni difficiles, ni compliqués. Van-Mons et M. Sageret y prenaient moins de peine, et leurs sujets fruitiers étaient à-peu-près abandonnés à eux-mêmes ; il faut un peu d'espace pour les arbres fruitiers, mais beaucoup moins pour la vigne. On peut avoir, contre les murs, ses sujets à un demi-mètre de distance, et on enlève successivement ceux qui n'offrent pas de bons résultats ; il n'y a donc pas un amateur de jardin, un amateur de fruit, un amateur d'œnologie, qui ne pût, au besoin, y consacrer quelque coin de terre en s'en tenant, s'il le faut, à une seule espèce de vignes, de fruits à pépins ou à noyaux.

Nous pensons qu'on hâterait la fructification en greffant sur provins de vignes faites; cependant M. Vibert, le seul en France, comme nous l'avons dit, qui ait donné quelque étendue à ses semis, n'emploie pas ce moyen.

Mais il est temps de nous arrêter dans la question que nous nous sommes proposée; déjà même elle a pris plus d'étendue que nous ne voulions lui en donner; cependant comme elle est fréquemment agitée et qu'elle importe beaucoup au progrès de toutes les branches de la culture du sol, nous avons cru devoir donner à sa discussion un développement en rapport avec son importance et son actualité; nous terminerons en résumant et rapprochant les conséquences qui résultent des différentes considérations que nous venons de développer.

RÉSUMÉ.

I. Les semis sont le moyen employé par la nature pour multiplier et propager les espèces végétales; à son imitation, l'homme se sert de leur voie pour multiplier les plantes qui servent à sa nourriture, à ses besoins et à son aisance.

II. Il a choisi dans la multitude des variétés données par les semis, celles qui peuvent le mieux répondre à ses besoins et ses goûts, et au moyen d'une culture suivie et successive, et du choix souvent répété des meilleurs individus de la variété, il a fini par la fixer et la reproduire la même avec toutes ses qualités.

III. Ce moyen, convenable pour toutes les espèces annuelles ou bisannuelles, ne remplissait ni son but ni ses besoins pour les espèces vivaces dont la fructification se faisait attendre; il a donc choisi dans le semis de ces dernières, les variétés améliorées qu'il a propagées isolément. Pour les multiplier, il a imaginé, pour beaucoup d'entr'elles, les boutures, greffes, marcottes; pour d'autres, la nature lui a offert les drageons, l'éclat des racines, les tubercules, les oignons, les griffes et les racines elles-mêmes.

IV. La propagation par boutures, greffes, marcottes, n'est pas autre chose que le prolongement de l'individu primitif par un bourgeon ou un œil; celle par éclats, drageons, tubercules, griffes, bulbes, est la continuation du même individu par ses racines ou par une portion de lui-même; l'individu propagé reste toujours le même, conserve son port, ses habitudes, sa fructification, soit qu'on lui donne les racines d'un individu congénère, soit qu'il les reproduise lui-même, soit enfin qu'il se forme une tige à l'aide de ses propres racines, de ses tubercules ou de ses griffes; la fraction de l'individu primitif destiné à le multiplier doit en conserver la vie, car si elle est éteinte, le moyen de propagation reste alors sans effet; c'est donc cet individu en nature et la vie qui l'anime qui sont propagés artificiellement par l'homme; mais cette vie de l'individu primitif qui se continue artificiellement, qui met en mouvement tous les organes nouveaux que développe par son moyen la végétation, ce principe vital que nous voyons s'éteindre dans tous les individus, finit par succomber aussi dans l'individu végétal comme dans les animaux, individualité d'un ordre plus élevé.

V. Il s'ensuit donc que cet individu propagé aura le sort de toutes les individualités matérielles; sa destinée est de naître, vivre et mourir; dans l'existence artificielle et multiple que l'homme lui crée pour ses besoins, il parcourt la carrière destinée à tous les êtres organisés, la vigueur de sa jeunesse se calme dans l'âge mûr et s'éteint dans la décrépitude.

Ainsi ont successivement disparu les variétés que les anciens géoponiques nous dépeignent et que nous ne retrouvons plus; eux aussi déjà se plaignaient de l'affaiblissement ou de la disparition de celles qu'ils tenaient de leurs prédécesseurs. Ainsi Duhamel ne retrouvait plus qu'une partie des variétés de La Quintinie, et même une portion de celles qu'il a décrites; les beurrés, les calvilles blanches, les reinettes franches et la plupart de nos meilleures variétés anciennes, déjà faibles de son temps, perdent de plus en plus de leur vigueur, et ne se reproduisent le plus souvent qu'en individus faibles, souvent chancreux et de courte durée; leurs fruits se tachent, se gercent, restent petits, pour peu que la saison soit défavorable, pendant que les fruits nouveaux conservent leurs formes et toutes leurs qualités sous des influences qui détruisent en partie les anciens. Ainsi en Angleterre, d'après Marshall, Davy Knight, on a vu successivement disparaître les meilleures variétés à cidre qui dataient des temps de Henri VIII et d'Elisabeth. Ainsi ont disparu les variétés de vignes qui produisaient le Massique, le Falerne, le Cæcube, et les bons vins que donnaient jadis les environs de Paris. Ainsi plusieurs de nos meilleures variétés de vignes sont devenues de courte durée et demandent à être souvent renouvelées par le provignage; le Pineau de la Côte-d'Or, par exemple, est devenu faible, ses racines sont vieilles et sa souche dépérit au bout de quinze ans; on est obligé de le rajeunir en donnant à ses bourgeons, par le provignage, de nouvelles racines; dans le Pineau donc, suivant la doctrine de Knight, la racine aurait vieilli avant les branches, mais les branches elles-mêmes subiront leur destinée. Cet affaiblissement des racines est encore plus remarquable dans la Sirah de l'Ermitage qui, malgré un provignage renouvelé tous les dix à douze ans, doit s'arracher après une durée qui va rarement à quarante. Dans les familles florifères, les variétés de jacinthes, tulipes, renoncules, qui jadis ont fait la fortune de ceux qui les ont découvertes, ont successivement disparu pour céder la place à d'autres.

VI. Pour remplacer ces pertes, l'homme doit recourir aux moyens naturels auxquels il devait ses bonnes variétés; le semis du hasard les lui avait données, le semis soigné les lui rendra avec usure; il lui en fournira d'aussi bonnes, de meilleures mêmes, s'il l'emploie avec patience, longueur de temps et intelligence.

VII. Plus avide de l'agréable que de l'utile, c'est surtout aux espèces florifères que l'homme a donné ses soins; il en a, au moyen des semis, multiplié les variétés par centaines, par milliers; il a même fait naître beaucoup de familles nouvelles qui se fixent avec leurs caractères spéciaux comme des espèces:

ses progrès grandissent encore chaque jour et ne semblent pas près d'atteindre la limite de beauté posée par la Providence; le floriculteur continue donc ses travaux, encouragé par des succès toujours nouveaux et par le prix que les personnes aisées y attachent.

VIII. Les recherches utiles n'ont rencontré ni les mêmes encouragemens, ni des amateurs riches qui les paient; aussi les progrès y ont été bien lents, et la plus grande partie des meilleures variétés semblent dues au hasard. Ainsi c'est à des semis adventifs que l'homme doit le Saint-Germain, la Virgouleuse, la Silvanche, le Bézy-Chaumontel, et tous les nombreux Bézys, qualification qui rappelle leur origine sauvage. C'est encore à la même origine qu'il faut attribuer une partie de ses acquisitions plus nouvelles. Cependant les semis soignés ont encore été plus heureux. Hardempont, Van-Mons, Esperen et autres en Belgique, Sageret, Léon Leclerc, Bonnet, etc., en France, ont créé plusieurs centaines de variétes nouvelles, et déjà ces nouveautés surpassent en nombre et égalent en qualité les bons fruits anciens.

IX. Ce qu'il y a de plus remarquable encore, c'est que les Américains, qui ne pouvaient qu'assez difficilement se procurer les arbres de nos pépinières, ont créé depuis moins d'un siècle des variétés sans nombre dans toutes nos espèces fruitières; parmi la foule de celles citées dans leurs Catalogues, plus des 9/10es sont dues à leurs semis; leur climat, peu favorable à la vigne, ne produisait que des espèces de vignes dioïques et en partie stériles; les semis de nos variétés, hybridées avec les leurs, y en ont produit un grand nombre de monoïques comme les nôtres, qui, transportées dans notre climat, prennent un rang distingué parmi nos bonnes variétés.

X. C'est aux semis adventifs que nous devons toutes les variétés de vignes que nous cultivons; leur nombre est déjà grand, et leur propagation par bouture facile; peu d'amateurs jusqu'ici ont songé à les améliorer par des semis; aussi est-ce au hasard des semis adventifs qu'on doit une foule de plants nouveaux qui datent à peine de cinquante ans, et ce qu'il y a de remarquable, c'est que ces gains appartiennent la plupart à la famille la plus cultivée, celle des Gamais qu'on a eu le plus d'intérêt à observer, parce qu'avec ses diverses variétés elle fournit des vins ordinaires comme des vins fins, et qu'elle est d'une grande fécondité.

Toutefois, depuis un demi-siècle, quelques amateurs ont aussi tenté l'amélioration de la vigne par les semis; les Catalogues de Bauman annoncent des plants nombreux obtenus de semis en Allemagne. MM. de Goëss en Autriche, et de Hartwiss en Crimée, ont obtenu de précieux résultats. Knight a doté l'Angleterre de variétés précoces; Van-Mons en a trouvé qui conviennent à son climat. En France, une seule personne, M. Vibert, a donné de l'étendue à ses semis spécialement étudiés pour la table; quelques amateurs cependant, dans leurs semis long-temps attendus, ont trouvé aussi des variétés remarquables. Les succès pour la vigne sont donc au moins aussi faciles à obtenir que pour les autres espèces fruitières.

XI. Mais ce n'est pas seulement dans les plantes dont les variétés se propagent par l'art, qu'un homme attentif et soigneux peut faire d'heureuses découvertes; la plupart des espèces économiques et forestières se propagent par les semis, et ces semis, indéfiniment répétés, ont fini par reproduire une variété à peu près constante; mais dans tous les produits, il existe toujours plus ou moins de dissemblance dans les individus, et il arrive que quelques plantes s'éloignent encore remarquablement du type, les unes pour l'affaiblir, d'autres pour l'améliorer; c'est en recueillant ces individus anormaux d'une qualité supérieure, qu'on est arrivé en Angleterre à posséder un si grand nombre de variétés de froment, qu'on a multiplié celles d'orge, d'avoine, de légumineuses, de plantes fourragères, que chaque comté dans ce pays a pu s'en choisir d'assorties à son climat, et qu'on a ainsi grandement amélioré la culture des produits agricoles.

XII. Après ces faits accumulés qui ne peuvent se contredire, nous croyons devoir engager les hommes qui désirent le progrès et qui peuvent disposer d'une partie de leur temps, à chercher dans les semis en plein champ des variétés fixées, les produits les plus remarquables pour en faire de nouveaux types, et à faire des semis spéciaux pour les espèces qui ne se propagent pas d'ordinaire par la semence; la carrière est belle et à peu près nouvelle, les résultats peuvent être prochains et d'une haute importance.

Cette carrière d'ailleurs ne serait pas sans gloire; celui qui dans les espèces propagées par semis, les céréales, les légumineuses, etc., recueillerait une variété nouvelle plus productive, celui qui trouverait des variétés supérieures de fruits, des variétés de raisins qui donneraient abondance et qualité, serait le bienfaiteur de son pays, et son nom resterait attaché à la variété qu'il aurait trouvée. Nous appelons donc à cette recherche spécialement ceux qui, parmi les jeunes hommes, ont du loisir et du goût pour les choses utiles.

www.ingramcontent.com/pod-product-compliance
Ingram Content Group UK Ltd.
Pitfield, Milton Keynes, MK11 3LW, UK
UKHW022144170726
13837UKWH00004B/1760

9 782329 231969